坏人长
什么样

〔日〕清永奈穗◎著
〔日〕石冢和布◎绘
梁　琳◎译

北京科学技术出版社
100层童书馆

这个世界上怎么有那么多坏人呢?

昨天，邻校有个男孩
遇到坏人，出了危险。
老师把这件事告诉我们，要我们多加注意。

什么样的人是坏人？

戴着墨镜的人？

牵着猛兽的人？

小偷？

什么是危险？

被诱拐？

让我做多得做不完的作业？

睡前给我讲很多恐怖故事？

多加注意，究竟要注意什么？

我想来想去，也没想明白，
因为我从没遇到过危险。

啊，小猫咪！

就你自己在这里吗？
到这边来。

你好可爱呀。
好想把你带回家。

呜——

什么嘛，原来
它有妈妈呀。

喵！喵！

唰

咦？等等。

也许，对小猫的妈妈来说，
我就是一个想把它的孩子拐走的坏人。
我突然对危险有了一点点认识……

可是，坏人究竟长什么样呢？

你怎么了？
看上去无精打采的。

去叔叔家玩游戏吧！

那个人看上去
好像是坏人……

老人家，
要注意汽车呀！

谢谢你。

**只凭外表，无法分辨
谁是坏人、谁是好人。**

我怎么想都想不明白，
于是去问妈妈。

妈妈，
该怎么分辨
好人和坏人呢?

妈妈想了想，
这样告诉我——

嗯，
就算是大人
也很难分清。

因为，
任何人
都有可能
是坏人。

图中哪些人比较可疑?

和妈妈一起，从图中找出
可能会干坏事的人。

坏人可能用以下方式跟你搭话。

不好意思，我迷路了。
你能带我去……

那座房子里有一只
很可爱的小狗。

你要是不听我的，
小心我揍你！

你真可爱，
让我给你拍张照片吧。

我是医生，让我看看
你内裤里面吧。

你妈妈出车祸了！

图书馆在哪里？
你可以带我去吗？

我开车送你吧！

你怎么了？
好像没什么精神。

你想和我一起去
找外星人吗？

你跟我走，
我就给你糖吃。

我家还有
很多卡片。

这些坏人也花了
不少心思呀。

千万不能
跟他们走！

那么，坏人会在什么时候，从什么地方下手呢?

好比，你想吃点心的话……

你会在这个时候，从这个地方下手。

如果坏人想对孩子下手……

他们会在这个时候，从这个地方下手

坏人会躲在哪些地方呢?

可能潜藏着坏人的危险场所

 只有你一个人的地方

 隐蔽的地方

 岔路很多的地方

 空地、人烟稀少的公园等空旷的地方

关于危险场所的几点提示

① 只有你一个人在

② 隐蔽

③ 岔路很多

④ 空旷、人烟稀少

但是，坏人不仅仅
出现在街上。

我是来检查燃气的。

家中

新闻

因学生换衣服时

这是只属于我们两个人的秘密……

学校里

网络上

亲戚家中

他们还会出现在你家中，
出现在网络上，
出现在许多地方。
有些坏人是陌生人，
但有些坏人可能是你认识的人。

坏人真的很可怕。
如果你已经小心防范了，但还是遇到了坏人，
那该怎么办呢？

当你独自一人走在路上，感觉周围有可疑的人时，

要提高警惕，注意身边的动静。

如果某个拐角
出现了可疑的人……

不要与他对视，立刻转身离开。

如果你拒绝了，他还是跟着你，你可以这样做。

① 快步逃离

② 大声喊叫

③ 打他，咬他

试着打他，踹他，咬他。

虽然这个世界上有许多危险的人，
但是，你身边也有许多能帮助你的人。

如果有一天
你遇到了危险，
一定要告诉妈妈。
那不是你的错。

你还有一直视你为珍宝的
爸爸和妈妈。

如果感到不对劲，就马上逃跑。
你可以一边跑，一边大声喊"救救我"。

啊，
说起来，
你的作业……

你必须保护珍贵的自己。

为了保护孩子免受伤害，家长需要知道的 **10** 件事

这本绘本的创作初衷是让孩子保护自己无可替代的生命和身体，让他们掌握一些力所能及的自救方法。请家长跟孩子认真聊一聊这几个问题：什么是危险？坏人长什么样？遇到危险该怎么办？

这里整理了一些家长需要了解的儿童安全基础知识。

1 告诉孩子，要明确地拒绝坏人。
大声说出"我不要！""不行！""我不跟你走！"非常重要。

有些人会跟独自在公园或街上玩耍的孩子搭话，说"你真可爱，脱下裙子让我看看吧""我想上卫生间，但我的手受伤了，你帮我脱一下裤子吧"之类的话。还有些人会利用社交软件诱骗孩子，这类案例屡见不鲜。这些犯罪行为会对孩子造成严重伤害。

那么，家长该如何教育孩子，达到防患于未然的目的呢？

许多相关研究表明，如果孩子毫不犹豫地大声说出像"我不要！""不行！""我不跟你走！"这样拒绝的话，大多数坏人会放弃。

但是，孩子说出这些话需要勇气，需要提前练习。现在，请家长与孩子一起模拟一些场景，让孩子大声说出"我不要！""不行！""我不跟你走！"。

2 坏人会这样一步步变化：
奇怪的人—可疑的人—坏人！

坏人并不一定立刻表现出危险性。在此之前，他可能只是显得奇怪，接着变得可疑，最后才变成会伤害孩子的坏人。

①奇怪的人——装扮与所处的场所和出现的时间不相称。

②可疑的人——观察、尾随并试图接近某个孩子。

③坏人——试图触碰孩子的手或身体的其他部位，使用凶器或蛮力，想把孩子带到没有人的地方去。

"那个男人看起来很可疑，这个女人也很可疑。"——不要这样想，家长和孩子可以以第11页"关于可疑举动的几点提示"为判断标准，找出图中的可疑之人。

3 坏人会选择自己偏好的孩子下手。你的孩子属于坏人偏好的类型吗？

坏人偏好插图中这 9 类孩子，他们会在现实中或网络上寻找这些孩子下手。

①性格软弱的孩子

②打扮成熟的孩子

③长相可爱的孩子

④独自玩耍的孩子

⑤忽然独自跑开的孩子

⑥心不在焉、无精打采的孩子

⑦东张西望、四处闲逛的孩子

⑧犹犹豫豫的孩子

⑨天真且容易相信他人的孩子

4 用"安全散步地图"进行安全检查。

无论什么地方都有可能发生犯罪事件。与孩子一边散步一边绘制"安全散步地图"，找出周边的危险场所。

此外，也要让孩子对上下学路上可以逃生的场所心中有数。这样做能显著提升孩子往返于家与幼儿园或学校时的安全性。

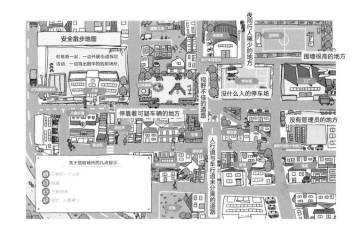

5 创建和睦的邻里关系非常重要。

在确认孩子上下学路上的安全的同时，有意识地为孩子创建一条安全行走路线。提前带着孩子跟熟识的邻居、店铺店主等打招呼："我家孩子要去那边的小学上学，路上请您多费心。"这样，孩子遇到危险的时候，就能毫不犹豫地逃往这些人家或店铺。

让孩子知道，路上虽然有坏人，但也有可以保护他、帮助他的好人。坏人害怕被人注意到。住在附近和上下学路上的人以及整个社区的志愿者的视线和声音是保护孩子的重要力量。

6　一定要让孩子知道孤身一人的危险性。

对孩子的成长来说，能独自上下学很重要。但是，独立的前提是，一个人拥有了保护自己的智慧和力量。在此之前，家长一定要认真地教育孩子，让孩子记住：自己一个人上下学是很危险的，以他个人的能力和判断力还无法守护他自己的安全。不仅如此，还必须让孩子记住：空无一人的地方和隐蔽的地方很危险。

7　与孩子建立轻松愉悦且相互信任的亲子关系。

"你的事情对我而言很重要，任何时候你都可以找我。"家长每天都要跟孩子交流，让孩子说一说当天发生的事情，要与孩子建立轻松愉悦且相互信任的亲子关系。这样家长更容易发觉孩子面临的危险（不仅包括针对儿童的犯罪，还包括校园霸凌等问题）。如果孩子不幸受到了某些伤害，绝不能斥责孩子，说这是他的错。请抱住孩子，告诉他："这不是你的错。我会保护你。"

8　学会拒绝
　　是能让孩子受益一生的非常重要的能力。

在社交软件上被索要照片时能大胆、果断地拒绝，告知对方"我要报警了！"并拨打 110 报警电话，这是一种能力。这种能力还能让孩子在遇到身边的人说"让我摸摸你，这是咱俩的秘密"时，毫不迟疑地拒绝对方。就算孩子长大成人，这种能力依然非常重要。

9　培养孩子守护自身安全的能力。

为了让孩子用自己的力量守护自身安全，必须趁早培养孩子的这些能力。

①身体的力量——遇到危险时，逃离危险所需的体力。

②应对危险的智慧和常识——能分辨哪些人是坏人，知道该如何提前躲开他们。

③表达能力——敢于大声拒绝、将情况告知大人、求救的能力。

④在前 3 种能力的基础上，进一步拥有判断、决定、行动并负责的能力。

10　为了让孩子有能力保护自己，要让孩子做下面 6 项练习。

① 跑步　② 大叫　③ 观察　④ 咬人　⑤ 果断拒绝　⑥ 求救

清永奈穂

　　日本体验式安全教育支援机构创始人。研究领域为犯罪行为分析与安全教育。本书是作者采访了曾经的犯罪者、警官等人员，总结了罪犯的犯罪手段及心理后创作的一本儿童防诱拐指南。

石冢和布

　　插画师，两个孩子的母亲。

ABUNAI TOKI WA IYADESU, DAMEDESU, IKIMASEN - KODOMO NO MI O MAMORU TAME NO HON
by Naho KIYONAGA and Wakame ISHIDUKA
© 2022 Naho KIYONAGA and Wakame ISHIDUKA
Original Japanese edition published by IWASAKI Publishing Co., Ltd.
All rights reserved
Chinese (in simplified character only) translation copyright © 2023 by Beijing Science and Technology Publishing Co., Ltd.
Chinese (in simplified character only) translation rights arranged with IWASAKI Publishing Co., Ltd.
through Bardon-Chinese Media Agency.

著作权合同登记号　图字：01-2022-7140

图书在版编目（CIP）数据

坏人长什么样 / （日）清永奈穂著 ；（日）石冢和布绘 ；梁琳译. —北京：北京科学技术出版社，2023.5（2023.12重印）
ISBN 978-7-5714-2971-3

Ⅰ. ①坏… Ⅱ. ①清… ②石… ③梁… Ⅲ. ①安全教育－儿童读物 Ⅳ. ① X956-49

中国国家版本馆 CIP 数据核字 (2023) 第 050323 号

策划编辑：张心然		电　话：0086-10-66135495（总编室）	
责任编辑：樊川燕		0086-10-66113227（发行部）	
封面设计：沈学成		网　址：www.bkydw.cn	
图文制作：沈学成		印　刷：北京博海升彩色印刷有限公司	
责任印制：吕　越		开　本：787 mm × 1000 mm　1/16	
出 版 人：曾庆宇		字　数：31 千字	
出版发行：北京科学技术出版社		印　张：2.5	
社　　址：北京西直门南大街 16 号		版　次：2023 年 5 月第 1 版	
邮政编码：100035		印　次：2023 年12月第 4 次印刷	
ISBN 978-7-5714-2971-3			
定　　价：45.00 元